AF157253

BEI GRIN MACHT SICH IHR
WISSEN BEZAHLT

- Wir veröffentlichen Ihre Hausarbeit,
  Bachelor- und Masterarbeit

- Ihr eigenes eBook und Buch -
  weltweit in allen wichtigen Shops

- Verdienen Sie an jedem Verkauf

Jetzt bei www.GRIN.com hochladen
und kostenlos publizieren

Carolin Kautza

Mathematik Grundschule: Symmetrie. Spiegelbildlich ergänzen (Klasse 3)

Unterrichtsentwurf Examensprüfung Saarland

GRIN Verlag

Bibliografische Information der Deutschen Nationalbibliothek:

Die Deutsche Bibliothek verzeichnet diese Publikation in der Deutschen National-
bibliografie; detaillierte bibliografische Daten sind im Internet über http://dnb.d-
nb.de/ abrufbar.

Impressum:

Copyright © 2013 GRIN Verlag GmbH
Druck und Bindung: Books on Demand GmbH, Norderstedt Germany
ISBN: 978-3-656-61188-2

Dieses Buch bei GRIN:

http://www.grin.com/de/e-book/269804/mathematik-grundschule-symmetrie-spie-
gelbildlich-ergaenzen-klasse-3

GRIN - Your knowledge has value

Der GRIN Verlag publiziert seit 1998 wissenschaftliche Arbeiten von Studenten, Hochschullehrern und anderen Akademikern als eBook und gedrucktes Buch. Die Verlagswebsite www.grin.com ist die ideale Plattform zur Veröffentlichung von Hausarbeiten, Abschlussarbeiten, wissenschaftlichen Aufsätzen, Dissertationen und Fachbüchern.

Besuchen Sie uns im Internet:

http://www.grin.com/

http://www.facebook.com/grincom

http://www.twitter.com/grin_com

	Lehramtsanwärterin für das Lehramt für die Primarstufe
Staatliches Studienseminar	Carolin Kautza

ENTWURF DER PRÜFUNGSLEHRPROBE
IM FACH DIDAKTIK DER PRIMARSTUFE
(MATHEMATIK)

Thema der Stunde: Symmetrisch ergänzen:

Figuren spiegelbildlich ergänzen

Datum: 30.09.2013

Stunde: 08.45 - 09.30 Uhr

Schule:

Klasse: 3

Raum

Prüfungsausschluss

Vorsitzende: Frau xx

Vertreter des Studienseminars: Herr xx

Fachleiterin: Frau xx

Inhaltsverzeichnis

Vorwort

In unserer Umwelt sind wir von Symmetrie umgeben. So wäre doch ein Stuhl mit zwei unterschiedlich langen Stuhlbeinen für seine tatsächliche Funktion unbrauchbar. Auch in der Natur begegnen wir symmetrischen Formen, wie etwa bei Schmetterlingen und Blüten. Für das Orientierungs- und Auffassungsvermögen des Menschen ist es von großer Bedeutung symmetrische Eigenschaften zu kennen, da unser Gehirn symmetrische Figuren schneller analysieren und speichern kann als asymmetrische.[3] Demnach ist es sinnvoll das Thema Symmetrie bereits in der Grundschule zu behandeln, um das räumliche Vorstellungsvermögen der Kinder zu schulen. In diesem Zusammenhang wird die Achsensymmetrie aufgrund seines starken Wirklichkeitsbezugs und seiner vielseitigen Aspekte als fundamentale Idee des Geometrieunterrichts in der Grundschule bezeichnet.[4] Die Spiegelung als Formaspekt der Achsensymmetrie spielt als Kongruenzabbildung der Ebene deswegen eine wesentliche Rolle. Schließlich wird jede Kongruenzabbildung der Ebene aus Achsenspiegelungen aufgebaut.[5] Dieses Wissen stellt somit die Basis für den Mathematikunterricht an der Oberschule dar.

Die vorliegende Unterrichtsstunde „Figuren spiegelbildlich ergänzen" stellt die vierte Stunde der Unterrichtseinheit „Achsensymmetrie" dar. Ziel der Stunde ist, dass die Schüler Teilfiguren durch Zeichnen spiegelbildlich ergänzen, sodass eine achsensymmetrische Figur entsteht. Im Vorfeld haben die Kinder bereits das schrittweise Zeichnen von ebenen Figuren kennengelernt und in Übungen angewendet. Im Rahmen der Unterrichtseinheit „Achsensymmetrie" haben die Schüler selbst achsensymmetrische Figuren durch Falten und Schneiden hergestellt und daran symmetrische Eigenschaften entdeckt. Zudem wurden Figuren auf Symmetrie mithilfe des Spiegels überprüft und an achsensymmetrischen Figuren Spiegelachsen eingezeichnet. Demzufolge haben die Schüler die notwendigen Lernvoraussetzungen für die vorliegende Stunde: das Spiegeln von Teilfiguren durch Zeichnen.

---

[3] vgl. Radatz/ Schipper/ Dröge/ Ebeling 1999: 170.
[4] vgl. Franke 2000: 199.
[5] vgl. Franke 2000: 205.

1. Bedingungsfeld

1.1 Schule und Situation der Lehramtsanwärterin

Die Schule liegt in Saarbrücken. Die Schüler kommen dabei überwiegend aus sozial schwachen Familien, die zumeist als Kommunikationssprache nicht deutsch sprechen.[6] Aufgrund dieser Tatsache weist ein Großteil der Kinder große Defizite, insbesondere sprachliche, auf. Daher spielt die Förderung der Sprachkompetenz nicht nur im Fach Deutsch, sondern auch in anderen Fächern wie auch im Fach Mathematik eine Rolle. Die Schule verfügt zudem über einen sozialpädagogischen Bereich, in dem es eine Hausaufgaben- und Nachmittagsbetreuung gibt, welcher derzeit von 50 Prozent der Schüler genutzt wird. Seit dem 01. August 2012 bin ich als Lehramtsanwärterin an der GS tätig. Ich unterrichte seit dem aktuellen Schuljahr die Klasse 3 in Mathematik sowie die Klasse 4 in Französisch. Darüber hinaus hospitiere ich im dritten und vierten Schuljahr Deutsch und Mathematik.

1.2 Klasseninterne Bedingungen

Die lebhafte Klasse 3 wird seit der ersten Klasse überwiegend von ihrem Klassenlehrer Herrn xx unterrichtet. Sie setzt sich aus neun Mädchen sowie neun Jungen zusammen, von denen elf Schüler einen Migrationshintergrund haben. Jedoch zeigen alle Schüler große sprachliche Defizite, welche sich insbesondere in der Lexik und Syntax bemerkbar machen. Dies lässt sich unter anderem damit erklären, dass das Einzugsgebiet der Schule mit Burbach einen sozialen Brennpunkt darstellt. Dementsprechend spielt der Migrationshintergrund hinsichtlich der Leistungen keine besondere Rolle. In der Klasse gibt es ein heterogenes Leistungsniveau[7]. Neben wenigen leistungsstarken Schülern, gibt es einige schwache Schüler, die im besonderen Maße Anreize benötigen, um sich am Unterricht zu beteiligen.[8] Das spiegelt sich auch im Unterrichtsgespräch wieder, welches der Großteil der Klasse eher passiv verfolgt. Damit möglichst alle Schüler mitmachen, ist es wichtig, die Schüler zur Mitarbeit zu ermutigen. Die Kinder sind in der Regel freundlich und hilfsbereit zueinander, sodass das Klassenklima insgesamt als positiv zu bezeichnen ist. Im zweiten Schuljahr wurden im Rahmen des Sachunterrichts gemeinsam Klassenregeln erarbeitet und festgelegt. Um die Verbindlichkeit dieser Regeln zu verstärken, haben alle Schüler einen Klassenvertrag unterschrieben.[9] Obwohl ich im letzten Schuljahr mehrfach die Sozialformen Sitzkreis und Partnerarbeit durchgeführt habe, treten hierbei noch vereinzelt Störungen auf, weil es einigen Schülern schwerfällt, sich dabei

---

[6] Laut einer aktuellen Statistik vom September 2013 haben 70 Prozent der Schüler einen Migrationshintergrund. Das heißt, dass mindestens ein Elternteil Deutsch nicht als Muttersprache hat, sodass die Kinder im familiären Bereich oftmals eine andere Sprache als Deutsch sprechen.
[7] Die leistungsstarken und -schwachen Schüler sind in der Lernstandsdiagnose (s. Anhang A 1) gekennzeichnet.
[8] Bemerkungen zu einzelnen Schülern bitte ich dem Anhang A 2 zu entnehmen.
[9] vgl. Anhang A 3.

an die Klassenregeln zu halten. Um das (Fehl-) Verhalten der Schüler aufzuzeigen, habe ich zu Beginn des Schuljahres ein Ampelsystem eingeführt. Als Ruhesignal wird eine Klangschale verwendet. Wenn diese erklingt, sind die Schüler aufgefordert ihre Arbeitsphase zu unterbrechen und nach vorn zu schauen. Der Klassenraum[10] ist ausreichend groß, um vor der Tafel einen Sitzhalbkreis zu bilden.

2 Sachanalyse

2.1 Symmetrie

Abbildungen, die jede Figur in eine dazu deckungsgleiche Figur abbilden, bezeichnet man in der Mathematik als Kongruenzabbildungen.[11]

Symmetrie stellt eine Eigenschaft von Figuren dar, „bei der eine Figur durch eine Kongruenzabbildung auf sich selbst abgebildet wird oder bei der zu einer Figur durch Achsenspiegelung oder Drehung eine kongruente Figur als Bild entsteht"[12]. Eine Figur ist demnach symmetrisch, wenn sie mindestens durch eine Deckbewegung, die nicht der identischen Abbildung entspricht, auf sich abgebildet werden kann. Es wird zwischen Achsen-, Dreh- und Translationssymmetrie unterschieden.[13] Die Achse einer Spiegelung heißt Symmetrieachse der Figur.[14]

2.2 Aspekte der Achsensymmetrie

Symmetrie hat einen starken Bezug zur Wirklichkeit und zeichnet sich zudem durch einen hohen Aspektreichtum aus. Die verschiedenen Aspekte werden an dieser Stelle vorgestellt.[15]

1. Der *Formaspekt*

Eine Achsenfigur besteht aus zwei spiegelbildlich zueinander liegenden Hälften. Dabei bildet die eine Hälfte die Wiederholung der anderen Hälfte, wobei sich die Orientierung umkehrt.

2. Der *algebraische Aspekt*

Die Achsensymmetrie lässt sich durch kongruente Abbildungen – Identität und Geradenspiegelung – angemessen beschreiben.

3. Der *ästhetische Aspekt*

In der Achsensymmetrie werden Gleichmaß und Wiederholung auf elementarste Weise verwirklicht. Auf diese Weise stellt Achsensymmetrie eine ästhetische Urerfahrung dar.

4. Der *ökonomisch-technische Aspekt*

---

[10] vgl. Anhang A 4.
[11] vgl. Krauter 2005: 20.
[12] Franke 2000: 205.
[13] vgl. Radatz/ Schipper/ Dröge/ Ebeling 1999: 170.
[14] vgl. Bibliographisches Institut 2013. URL: http://www.duden.de/rechtschreibung/Symmetrieachse (Stand: 21.09.2013).
[15] Im Folgenden beziehe ich mich auf Franke 2000: 199.

Achsensymmetrische Lösungen eignen sich in der Industrie im besonderen Maße, um Kraft, Arbeit und Aufwand zu minimieren.

5. Der *arithmetische Aspekt*

Natürliche Zahlen konnen mithilfe von Punktmustern veranschaulicht werden. Hierbei lassen sich gerade Zahlen durch achsensymmetrische Doppelreihen darstellen.

2.3 Achsenspiegelung und ihre Eigenschaften

Unter einer Achsenspiegelung ist eine Spiegelung an einer Geraden zu verstehen. Dabei definiert die Abbildungsvorschrift eine Achsenspiegelung wie folgt[16]:

1. Für jeden Punkt der Geraden a gilt P' = P, das heißt die Gerade a besteht nur aus Fixpunkten. Die Gerade wird daher auch Fixpunktgerade oder Achse genannt.

2. Für jeden Punkt außerhalb von a gilt, dass die Achse a senkrecht zur Strecke PP' steht und sie halbiert.

Durch die Abbildungsvorschrift ist eine Abbildung der Ebene auf sich definiert. Das meint, dass jeder Punkt der Ebene eindeutig genau einem Bildpunkt zugeordnet ist.

Die Achsenspiegelung hat dabei die folgenden Eigenschaften.

- Eine Achsenspiegelung ist bijektiv, das heißt verschiedene Urbilder haben verschiedene Bilder und jeder Punkt der Ebene besitzt ein Urbild.
- Sie ist geradentreu, das heißt das Bild einer Geraden ist wieder eine Gerade.
- Zudem ist sie paralleltreu, da die Bilder zweier Geraden wieder zwei Parallelen sind.
- Die Punkte der Symmetrieachse nennt man Fixpunkte.

Quelle: Krauter 2005:20.

- Demzufolge ist die Symmetrieachse eine Fixgerade. Da jeder Punkt fix ist, kann sie sogar als Fixpunktgerade bezeichnet werden.

- Achsenspiegelungen sind winkeltreu, da alle sich entsprechenden Winkel gleich groß sind.
- Sie sind ebenso längen- und flächenmaßtreu, weil jede Strecke genau so lang wie ihre Bildstrecke ist.
- Sie sind jedoch nicht orientierungstreu, da der Umlaufsinn einer Figur bei der Achsenspiegelung umgekehrt wird.

---

[16] Im Folgenden beziehe ich mich auf Krauter 2005:21.

3 Didaktische Analyse

3.1 Einordnung in die Fachdidaktik

Durch den Geometrieunterricht kann sich eine positive Haltung zum Fach Mathematik entwickeln. Das liegt zum Einen darin begründet, dass der Einstieg bei fast allen geometrischen Themen ohne Vorkenntnisse möglich ist. Hierin besteht insbesondere für leistungsschwache Schüler ein Vorteil, die in der Arithmetik leicht den Anschluss verlieren. Zum Anderen bietet der Geometrieunterricht in der Grundschule vielfältige Aktivitäten, die den Kindern auch außerhalb des Unterrichts Freude bereiten, wie beispielsweise basteln, schneiden und puzzeln. Somit ist der Geometrieunterricht vor allem durch spielerisches, kreatives Ausprobieren geprägt.[17] In diesem Zusammenhang unterscheidet sich auch der Aufbau einer Geometriestunde von einem klassischen Stundenaufbau, mit dem Ziel, das selbstständige Problemlösen der Schüler zu fördern.

Nach Leutenbauer verläuft eine Geometriestunde folgendermaßen[18]:

Klassischer Stundenaufbau	Aufbau einer Geometriestunde
Einstieg	Zielbestimmung
Erarbeitung	Planung und Strategiebildung
Anwendung	Lösung und Ausführung
Sicherung	Wertung
Übung	Anwendung

Anhand des Stundenaufbaus nach Leutenbauer wird deutlich, was eine zentrale Aufgabe des Geometrieunterrichts darstellt: Schülern die Gelegenheit zu geben, eigene Raumerfahrungen und räumliche Beziehungen zu entdecken (Planung und Strategiebildung), um sie schließlich zum eigenständigen Handeln zu bringen (Lösung und Ausführung). Essentiell ist dabei, dass die Schüler über ihre Beobachtungen und ihr Handeln reflektieren (Wertung). Im Anschluss daran können die Schüler ihre strategischen Lösungen nutzen, um weitere Probleme dieser Art zu bewältigen (Anwendung).

Da wir in der Umwelt überall von geometrischen Aspekten, Flächen und Körpern umgeben sind, trägt der Geometrieunterricht ebenso zur Umwelterschließung bei.[19] Ebenso nutzen wir alltäglich Gegenstände, die ohne symmetrische Eigenschaften unbrauchbar wären. Beispielsweise wäre ein Tisch mit unterschiedlich langen Tischbeinen genauso unpraktisch wie eine Leiter mit schrägen Sprossen. Auch in der Natur gibt es viele symmetrische Formen, wie etwa

---

[17] vgl. Radatz/ Schipper 1983: 139f.
[18] Seminarskript vom 12.09.2012.
[19] vgl. Radatz/ Schipper 1983: 141.

eine Schneeflocke oder ein Schmetterling. Demnach ist es sinnvoll bei der Achsensymmetrie im Unterricht an die Erfahrungen der Schüler anzuknüpfen, indem zunächst achsensymmetrische Gegenstände in der Umwelt betrachtet werden, um ihre Eigenschaften zu entdecken.[20] Schließlich ist es für das Orientierungs- und Auffassungsvermögen des Menschen von zentraler Bedeutung symmetrische Eigenschaften zu kennen, da unser Gehirn symmetrische Figuren schneller analysieren und speichern kann als asymmetrische.[21] Wie bereits aus dem Unterkapitel 2.2 hervorgegangen ist, hat die Achsensymmetrie einen starken Realitätsbezug und weist zudem verschiedene Aspekte auf, sodass sie oftmals als fundamentale Idee des Geometrieunterrichts in der Grundschule bezeichnet wird.[22] Bei der Behandlung der Symmetrie nimmt dabei insbesondere die Spiegelung als Kongruenzabbildung der Ebene eine wesentliche Rolle ein. Das liegt darin begründet, dass in den weiterführenden Schulen jede Kongruenzabbildung der Ebene aus Achsenspiegelungen aufgebaut werden können.[23] Abschließend ist positiv hervorzuheben, dass Symmetrie fächerübergreifend durchgeführt werden kann. Zum Beispiel kann in Bildende Kunst Symmetrie in Kunstwerken entdeckt, im Sachunterricht der Spiegel thematisiert oder in Deutsch Spiegelschriften mithilfe der Symmetrie verdeutlicht werden.[24]

3.2 Begründung und Einordnung des Themas in den Kernlehr- und Arbeitsplan

Die Durchführung der Unterrichtseinheit „Achsensymmetrie"[25] lässt sich am Kernlehrplan Mathematik für die Grundschule des Saarlandes begründen. In der Leitidee „Raum und Form" stellt das Erkennen, Benennen und Darstellen geometrischer Abbildungen eine eigene Kompetenz dar. Diese Kompetenz umfasst zum Einen geometrische Muster zu erkennen, fortzusetzen und selbst herzustellen und zum Anderen Figuren auf Achsensymmetrie zu überprüfen.[26] Zur Umsetzung der Kompetenz „Symmetrische Muster erkennen, fortsetzen oder selbst entwickeln" wird das Spiegeln, Legen sowie Ergänzen vorgeschlagen. In der vorliegenden Stunde sollen Figuren durch Zeichnen spiegelbildlich ergänzt werden, sodass achsensymmetrische Figuren entstehen.

In Vorbereitung auf die Unterrichtseinheit der Prüfungslehrprobe, wurde in den letzten drei Wochen in der Klasse Geometrieunterricht durchgeführt. Zunächst haben die Schüler die geometrischen Grundformen wiederholt, indem sie ihre Eigenschaften erkannt und beschrieben haben sowie an geometrischen Körpern entdeckt haben. Ebenso haben sie das korrekte Zeichnen ebener Figuren kennengelernt und trainiert. Da ein Großteil der Schüler Schwierigkeiten

[20] vgl. Franke 2000: 202.
[21] vgl. Radatz/ Schipper/ Dröge/ Ebeling 1999: 170.
[22] vgl. Franke 2000: 199.
[23] vgl. Franke 2000: 205.
[24] vgl. Franke 2000: 203.
[25] vgl. Anhang A 5.
[26] vgl. Ministerium für Bildung, Familie, Frauen und Kultur, Saarland 2009: 18.

beim genauen Zeichnen mit dem Lineal aufzeigten, wurden zusätzliche Übungsstunden dazu durchgeführt. Es wurden außerdem mithilfe des Tangrams Flächen ausgelegt sowie Flächen auf dem Geobrett hergestellt und Flächeninhalte daran verglichen.[27]

3.3 Voraussetzungen der Lerngruppe bezüglich der Kompetenzen

Einige allgemeine Voraussetzungen der Lerngruppe wurden im Rahmen der klasseninternen Bedingungen im Unterkapitel 1.2 genannt. Die vorliegende Unterrichtsstunde „Figuren spiegelbildlich ergänzen" stellt die vierte Stunde der Unterrichtseinheit „Achsensymmetrie" dar. Im Folgenden werden die Lernvoraussetzungen der Schüler dargelegt.

Fachkompetenz: Im zweiten Schuljahr wurden nur wenige Unterrichtsstunden zur Achsensymmetrie durchgeführt. So wurden Bilder gespiegelt sowie Spiegelachsen mithilfe des Spiegels entdeckt. Im Rahmen der Unterrichtseinheit haben die Schüler in den vorangegangenen Stunden zunächst durch Falten und Schneiden achsensymmetrische Figuren hergestellt. Darauf aufbauend haben die Schüler Eigenschaften von achsensymmetrischen Figuren beschrieben. An dieser Stelle wurden die Fachbegriffe „symmetrisch" sowie „Spiegelachse" erklärt und auf diese Weise gefestigt. Sie haben gezeigt, dass sie ihr Wissen dazu anwenden können, indem sie bei achsensymmetrischen Figuren die Spiegelachsen eingezeichnet und diese mit dem Spiegel überprüft. Die Schüler kennen zudem das Vorgehen des genauen Zeichnens ebener Figuren und haben es durch mehrfaches Anwenden geübt und verinnerlicht. Sie wissen, dass zwei Karokästchen einen Zentimeter lang sind. Somit sind die notwendigen Voraussetzungen für diese Unterrichtsstunde geschaffen.

Methodenkompetenz: Die Schüler sind mit den in der Lehrprobenstunde eingesetzten Sozialformen Sitzkreis, Einzel- und Partnerarbeit vertraut. Dennoch fällt es einigen Schülern noch immer schwer, sich im Sitzkreis an die Klassenregeln zu halten sowie über einen längeren Zeitraum, nämlich während der Arbeitsphase, leise und konzentriert zu arbeiten. Die Schüler sind es gewohnt, differenzierte Aufgaben zu erhalten. Inzwischen stellt dies kein Problem mehr dar. Im Unterrichtsgeschehen nehmen die Schüler sich selbst heran, sofern ich ihnen das Zeichen für die Meldekette zeige. Den Schülern ist der Stundenaufbau einer Geometriestunde aus vorherigen Stunden bekannt. Durch den zuvor geübten Umgang mit dem Spiegel können die Schüler ihre Ergebnisse selbstständig kontrollieren.

Individualkompetenz: Der Großteil der Klasse verfügt über sprachliche Defizite in der deutschen Sprache. Darunter gibt es einige Schüler, die sich deshalb oftmals ungenau oder nicht verständlich genug ausdrücken können. Das stellt vermutlich einen Grund dar, weshalb ein Teil der Schüler das Unterrichtsgespräch eher passiv verfolgt. Um die sprachlichen Defizite

---

[27] vgl. Anhang A 6.

abzubauen, sind die Schüler daran gewöhnt, in meinem Unterricht in ganzen Sätzen zu ant-worten. Dabei gebe ich als Hilfe für besonders schwache Schüler Satzanfänge vor. Hinsicht-lich der Klassenregeln fällt es inzwischen nur noch wenigen Schülern schwer, Regelverstöße wahrzunehmen und diese selbst zu regulieren. In Arbeitsphasen ist es auffällig, dass die meis-ten Schüler Feedback suchen, obwohl sie die Aufgabe verstanden haben und selbstständig umgesetzt haben. Das resultiert unter anderem aus dem mangelnden Selbstvertrauen. Es ist daher wichtig, die Leistungen der Schüler durch Lob anzuerkennen, um ihr Selbstwertgefühl sukzessive zu stärken.

Sozialkompetenz: Die Schüler gehen in der Regel freundlich und hilfsbereit miteinander um. Durch den häufigen Einsatz der Sozialform Partnerarbeit, haben die meisten Schüler gelernt auch mit Kindern gut zusammenzuarbeiten, mit denen sie nicht unbedingt befreundet sind. An dieser Stelle möchte ich ebenso auf die Lernstanddiagnose sowie die Bemerkungen zu einzelnen Schülern im Anhang 1 und 2 verweisen.

3.4 Didaktische Reduktion

In der vorliegenden Stunde sollen die Schüler Teilfiguren durch Zeichnen spiegelbildlich er-gänzen, sodass eine achsensymmetrische Figur entsteht. Da in den letzten Wochen die Schü-ler ausschließlich ebene Figuren im Karoraster gezeichnet haben, erhalten alle Schüler, auch als Form der Orientierung, die Figuren im Karoraster. Zudem verzichte ich auf das Abzeich-nen der Teilfigur, da die Aufgabe an sich, nämlich das zeichnerische spiegelbildliche Ergän-zen von Teilfiguren, bereits eine große Herausforderung für die Schüler darstellt. Schließlich haben die Schüler bisher wenig Erfahrungen im Zeichnen mit dem Lineal gesammelt und zu-dem zuvor noch nie achsensymmetrische Figuren gezeichnet. Darauf aufbauend werden die Schüler in der Folgestunde zuvor gespannte achsensymmetrische Figuren am Geobrett im Ganzen auf die zeichnerische Ebene übertragen. Damit die Kinder in der vorliegenden Stunde direkt an ihren Umwelterfahrungen anknüpfen können, spiegeln sie die Teilfiguren zudem ausschließlich senkrecht.[28]

4 Kompetenzen

4.1 Kompetenzerwartung der Stunde

Die Schüler festigen das Zeichnen ebener Figuren und erweitern ihr Orientierungsvermögen, indem sie Teilfiguren durch Zeichnen im Karoraster zu achsensymmetrischen Figuren ergän-zen.

---

[28] vgl. Franke 2000: 202.

4.2 Auflistung der Teilkompetenzen

Inhaltliche Kompetenzen:

Die Schüler...

TK 1: unterscheiden symmetrische von asymmetrischen Figuren. (Figuren auf Achsensymmetrie überprüfen)

TK 2: stellen Zeichnungen mit dem Lineal von ebenen Figuren her, indem sie Teilfiguren achsensymmetrisch ergänzen. (Zeichnungen mit Hilfsmitteln anfertigen/ Figuren achsensymmetrisch ergänzen)

TK 3: demonstrieren die Schritte des Zeichnens, indem sie die Teilfigur an der Tafel spiegelbildlich ergänzen. (Zeichnungen mit Hilfsmitteln anfertigen)

Allgemeine Kompetenzen:

Die Schüler...

TK 4: begründen ihre Wahl einer achsensymmetrischen Figur, indem sie an ihr Eigenschaften der Symmetrie zeigen. (argumentieren)

TK 5: wenden ihr Wissen zum schrittweisen Zeichnen mit dem Lineal an, um die Teilfigur durch Zeichnen spiegelbildlich zu ergänzen. (problemlösen)

TK 6: wenden Fachbegriffe der Symmetrie sachgerecht an, indem sie Teilfiguren symmetrisch ergänzen. (kommunizieren)

Weitere Kompetenzen:

Die SuS...

TK 7: schulen die Selbstkontrolle, indem sie ihre Ergebnisse selbstständig mithilfe des Spiegels überprüfen. (Personalkompetenz)

5 Methodische Entscheidungen

5.1 Erläuterung der methodischen Konzeption

Der Aufbau der Unterrichtsstunde entspricht den fünf Unterrichtsphasen nach Helmut Leutenbauer.[29] Um die Schüler thematisch einzustimmen, wird zu Unterrichtsbeginn eine *Stehende Übung* im Sitzkreis durchgeführt. Ich habe diese Sozialform gewählt, da die Schüler im Sitzkreis die Figuren besser sehen und durch Handeln symmetrische Eigenschaften besser erklären und verstehen können. Davon abgesehen, kommen die Kinder im Sitzkreis schneller ins Gespräch, da sie sich näher sind. In diesem Zusammenhang wähle ich die Methode der Meldekette, damit eine tatsächliche Kommunikation unter den Schüler stattfindet. Außerdem hat die Erfahrung gezeigt, dass sie sich bei der Meldekette besser einander zuhören. Die *Zielbestimmung* erfolgt dann wiederum vom Platz aus, damit die Schüler das Tafelbild besser

---

[29] vgl. Kapitel 3.1.

sehen können und im Anschluss daran direkt in der *Planung und Strategiebildung* das Problem lösen können. In der Phase der *Planung und Strategiebildung* führen die Schüler zunächst jeder für sich das spiegelbildliche Ergänzen durch Zeichnen durch, um schließlich in der Partnerarbeit ihr Vorgehen miteinander zu vergleichen und gegebenenfalls bereits mögliche Probleme zu besprechen. Diese Form des Austausches ist insbesondere für die schwächeren Schüler wichtig, die in einem Zweiergespräch ihre Probleme eher äußern als im Plenum. In der *Anwendungsphase* findet eine dreifache Differenzierung statt, damit jeder Schüler entsprechend seinem Leistungsniveau die Aufgabe des spiegelbildlichen Ergänzens durch Zeichnen bewältigen kann. In diesem Rahmen werden bei jeder Differenzierungsstufe die Figuren abstrakter.

5.2 Darstellung der Unterrichtsschritte und deren Begründung

Nach der Begrüßung beginnt die *Stehende Übung* im Sitzkreis. In der Stehenden Übung wiederholen die Schüler die Eigenschaften der Symmetrie, indem sie diese an symmetrischen Figuren zeigen und beschreiben. Dabei wähle ich typische Motive wie das Herz, das Haus sowie ein Buchstabe, um an den Erfahrungsraum der Schüler anzuknüpfen. Abstrakte Figuren würden die Schüler zu sehr vom eigentlichen Thema ablenken, weil sie zu sehr mit dem Erkennen der Figur beschäftigt wären. Die Kinder nehmen sich gegenseitig heran. In der *Zielbestimmung* werden zunächst Vermutungen zum „Zaubern" eines Buchstaben geäußert. Ich gehe davon aus, dass die Kinder aufgrund der vorausgegangenen Stunden zunächst die Methodik „das Spiegeln mit dem Spiegel" und dann „das Zeichnen" äußern. Es folgt der Impuls, dass ein Spiegeln des halb gezeichneten „H"s auch ohne Spiegel möglich ist. Im Anschluss werden die Schüler auf das Plakat „Zeichnen" verwiesen und probieren das spiegelbildliche Ergänzen durch Zeichnen selbst aus. Die Schüler haben das Blatt bereits unter ihrem Mäppchen, damit sie sofort anfangen können. Es ist den Schülern gestattet, den Spiegel, den sie bereits im Mäppchen haben, zur Lösung des Problems zu verwenden. Denn ich gehe davon aus, dass sich einige Schüler die Spiegelung nicht vorstellen können. Zumal der Spiegel in der Anwendungsphase zur Kontrolle des zeichnerischen Ergänzens gebraucht wird. Die Partnerarbeit in der *Planungsphase* dient dazu, die Ergebnisse miteinander zu vergleichen und sich bereits über mögliche Schwierigkeiten bei der Umsetzung des spiegelbildlichen Ergänzens durch Zeichnen auszutauschen. Im Rahmen der *Lösung und Ausführung* stellen zwei Schüler ihr Vorgehen vor, indem sie die Teilfigur zeichnerisch so ergänzen, dass ein „H" entsteht. Die Klasse hat dabei die Aufgabe das Vorgehen sowie das Ergebnis an der Tafel mit dem eigenen zu vergleichen. Währenddessen decke ich die Teilschritte auf. Bevor die Schüler nun weitere Teilfiguren nach diesem Vorgehen spiegelbildlich ergänzen, reflektieren sie in der *Wertung* Probleme, die beim Zeichnen des Spiegelbildes aufgetreten sind bzw. entstehen könnten. Dieser Zwischenschritt ist wichtig, damit sich die Schüler über mögliche Fehlerquellen beim spiegelbildlichen Ergänzen bewusst werden, um diese in der Anwendungsphase möglichst zu vermeiden. Die Schüler bearbeiten in der *Anwendung* ein Arbeitsblatt, auf welchem sechs unterschiedliche Teilfiguren inklusive der Spiegelachsen abgebildet sind. Um Zeit zu sparen, aber auch, weil die Schüler verschiedene Arbeitsblätter entsprechend ihrem Niveau erhalten, haben die Schüler in der Anwendungsphase ihr Arbeitsblatt bereits unter dem Tisch. Zur Berücksichtigung des heterogenen Leistungsniveaus der Klasse sind die Arbeitsblätter dreifache qualitativ differenziert. Zusätzlich gibt es ebenso eine quantitative Differenzierung, indem die Schüler eigene Teilfiguren zeichnen und spiegelbildlich ergänzen. Während der Anwendungsphase gehe ich durch die Klasse, helfe den (schwachen) Kindern bei Problemen und stehe unterstützend zur Seite. Dieses Verfahren kennen die Schüler schon. Wenn sie etwas wissen wollen, melden sie sich leise und warten, bis ich komme. Falls der Geräuschpegel während der Anwendungsphase zu groß sein sollte, werde ich die Schüler an die Klassenregeln erinnern. Zum Abschluss bitte ich die Schüler das Arbeitsblatt in ihrem Hefter abzuheften. Schließlich verabschieden die Schüler die Prüfungskommission und mich.

Ich bin bemüht, die geplanten Zeiten der einzelnen Unterrichtsphasen einzuhalten, da jede Phase auf die vorherige aufbaut und ein Zeitverzug sich negativ auf den gesamten Stundenverlauf ausüben würde, vor allem aber auf die Anwendungsphase, die in einer Geometriestunde nach Leutenbauer erst am Stundenende durchgeführt wird. Sollte ich bereits bis zur Planung und Strategiebildung im Zeitverzug sein, wird die Partnerarbeit in dieser Phase entfallen, damit den Schülern in der Anwendungsphase genügend Zeit zur Bearbeitung weiterer Probleme dieser Art bleibt.

Artikulation/ Zeit	Unterrichtsaktivitäten (geplantes Lehrer- u. erwartetes Schülerverhalten)	Methodisch-didaktischer Kommentar	Sozialform/ Medien
Begrüßung 08.45-08.46 1'	Die Laa begrüßt die SuS. Die SuS begrüßen die Laa und die Prüfungskommission.	• Erziehung zur Höflichkeit	Plenum
Stehende Übung 08.46-08.50 4'	Die Laa legt symmetrische und asymmetrische Figuren in die Kreismitte und sagt: „Zeige mir eine symmetrische Figur und begründe deine Entscheidung." Die SuS wählen eine Figur aus und begründen, weshalb diese Figur symmetrisch ist. S-Antwort: „Das Haus ist symmetrisch, weil es deckungsgleich ist." Die Laa löst den Sitzkreis auf. Die SuS gehen zurück auf ihren Platz.	• Anknüpfen an Lernvoraussetzungen • Schüleraktivität • Meldekette • Beschreibung der Fachbegriffe „symmetrisch" und „Spiegelachse" • TK 1, TK 4	LS Aktivität Sitzkreis Plenum Ebene Figuren Sitzkissen Bildkarten
Zielbestimmung 08.50-08.53 3'	Die Laa klappt die Tafel um. Es ist eine Teilfigur (halbes H) sowie eine Spiegelachse zu sehen. Die Laa sagt: „Zaubere mir daraus einen Buchstaben." Ein S legt den Spiegel auf die Spiegelachse und benennt diese als solche. Die Laa: „Eigentlich brauchen wir gar keinen Spiegel, um das „H" zu zaubern." S-Antwort: „Wir können es auch zeichnen." Laa sagt: „Genau. Erinnere dich, wie du dabei vorgehst und probiere es auf dem Blatt unter deinem Mäppchen aus."	• Motivation durch Rätsel • Hinführung zum Stundenthema • Problemstellung	LS Aktivität Plenum Tafel
Planung und Strategiebildung 08.53-09.00 7'	Die SuS ergänzen die Figur spiegelbildlich. Nach vier Minuten gibt die Laa ein Klangsignal. Die SuS unterbrechen den Arbeitsvorgang und schauen nach vorn. Die Laa sagt: „Schließe dein Mäppchen. Tausche dein Vorgehen mit deinem Banknachbarn aus." Die SuS tauschen sich über ihr Vorgehen in Partnerarbeit aus.	• Schüleraktivität • Handlungsorientierung • Förderung der Sozialkompetenz • Wiederholung der Schritte beim Zeichnen • TK 2, TK 5	S Aktivität Einzelarbeit/ Partnerarbeit Arbeitsblatt Mäppchen

Phase / Zeit	Verlauf	Didaktischer Kommentar	Sozialform / Medien
Lösung und Ausführung 09.00–09.08 8'	Die Laa beendet die Partnerarbeit mit einem erneuten Klangsignal. Die SuS stellen ihre Gespräche ein. Die Laa sagt: „Verschränke deine Arme. Jetzt bin ich gespannt auf dein Vorgehen. Ergänze mit deinem Banknachbarn die Figur spiegelbildlich an der Tafel und sprich dazu." „Zwei SuS ergänzen das halbe „H" an der Tafel spiegelbildlich. Ein S zeichnet, der andere S spricht zum Vorgehen. Währenddessen wird das Vorgehen schrittweise von der Laa an der Tafel aufgedeckt.	• Klangimpuls • Konzentration • Schulung der Sprachkompetenz • Veranschaulichung der einzelnen Schritte • Schüleraktivität • TK 3	LS Aktivität Plenum
Wertung 09.08–09.13 5'	Die Laa sagt: „Sage mir, was ich beim Spiegeln beachten muss." Mögliche SuS-Antworten: „Ich muss für die Eckpunkte die Kästchen abzählen." „Ich muss ein Lineal benutzen." „Ich muss beim Verbinden der Eckpunkte das Lineal gerade halten." „Die Figur ist im Spiegelbild umgekehrt."	• Reflexion von (möglichen) Schwierigkeiten • Wiederholung und Sicherung des Gelernten • TK 6	LS Aktivität Plenum
Anwendung 09.13–09.28 15'	Die Laa sagt: „Jetzt sollst du noch weitere Figuren durch Zeichnen spiegeln. Nimm dafür das Blatt aus deinem Tischfach. Hier siehst du sechs halbe Figuren für die du ein Spiegelbild zeichnen sollst. Nimm deinen Spiegel, wenn du nicht mehr weiterweißt. Wenn du mit allem fertig bist, kontrolliere deine Ergebnisse mit dem Spiegel. Erst dann meldest du dich. Los geht's!" Die SuS ergänzen in Einzelarbeit unter Berücksichtigung der zuvor besprochenen Kriterien weitere Teilfiguren zu achsensymmetrischen Figuren. Sie prüfen ihre Ergebnisse selbstständig mithilfe des Spiegels. Die Laa geht durch die Klasse und steht beratend zur Seite.	• Anwendung des Gelernten • Handlungsorientierung • Qualitative Differenzierung: dreifach differenziertes AB • Quantitative Differenzierung: eigene Teilfiguren zeichnen und spiegeln • TK 2, TK 5, TK 8	S Aktivität Einzelarbeit AB Mäppchen Spiegel
Abschluss 09.28–09.30 2'	Die Laa gibt ein Klangsignal. Die SuS beenden ihr Tun. Die Laa bittet die SuS ihre Arbeitsblätter abzuheften. Dabei zählt sie von 10 runter. Die Laa verabschiedet die SuS. Die SuS verabschieden die Laa und die Gäste.	• Erziehung zur Ordnung • Erziehung zur Höflichkeit	Plenum

7 Literaturverzeichnis

Franke, Marianne (2000): Didaktik der Geometrie. Mathematik Primarstufe. Heidelberg/ Berlin: Spektrum, Akademischer Verlag.

Kautza, Carolin (2012): Entwurf der ersten Lehrprobe im Fach Didaktik der Primarstufe (Sachunterricht).

Krauter, Siegfried (2005): Erlebnis Elementargeometrie. Ein Arbeitsbuch zum selbstständigen und aktiven Entdecken. München: Elsevier.

Ministerium für Bildung, Familie und Kultur Saarland (2009): Kernlehrplan Mathematik. Grundschule. Klassenstufen 1-4.

Radatz, Hendrik/ Schipper, Wilhelm (1983): Handbuch für den Mathematikunterricht an Grundschulen. Hannover: Schroedel Schulbuchverlag.

Radatz, Hendrik/ Schipper, Wilhelm/ Dröge, Rotraut/ Ebeling, Astrid (1999): Handbuch für den Mathematikunterricht. 3. Schuljahr. Hannover: Schroedel Verlag.

Wemmer, Katrin (2009[2]): Stationentraining Symmetrie. Handlungsorientierter Geometrieunterricht ab Klasse 2. Buxtehude: PersenVerlag.

Anhang

A 1: Lernstandsdiagnose

A 2: Bemerkungen zu einzelnen Schülern

A 3: Klassenregeln

A 4: Sitzplan

A 5: Unterrichtseinheit

A 6: Arbeitsplan

A 7: Versicherung

Materialien zur Lehrprobenstunde

M 1: Symmetrische und asymmetrische Figuren für die Stehende Übung

M 2: Tafelbild der Zielbestimmung

M 3: Arbeitsblatt der Planung und Strategiebildung

M 4: Tafelbilder der Lösung und Ausführung

M 5: Arbeitsblatt der leistungsschwachen Schüler

M 6: Arbeitsblatt der leistungsschwachen Schüler: Lösung

M 7: Arbeitsblatt der mittelstarken Schüler

M 8: Arbeitsblatt der mittelstarken Schüler: Lösung

M 9: Arbeitsblatt der leistungsstarken Schüler

M 10: Arbeitsblatt der leistungsstarken Schüler: Lösung

M 11: Arbeitsblatt für die quantitative Differenzierung

Sofern nicht anders erwähnt, stammen alle Materialien und Abbildungen von der Autorin.

A 1: Lernstandsdiagnose

Name	Genaues Zeichnen mit dem Lineal	Erkennen von Symmetrieachsen	Umgang mit dem Spiegel	Mitarbeit	Arbeits-verhalten	Sozial-verhalten	Sprachentwick-lung und -gebrauch
A	+	Ø	Ø	-	Ø	++	-
C	+	-	-	+	+	++	Ø
C	++	+	+	++	++	+	+
S	+	+	+	+	+	++	+
A	Ø	-	Ø	-	-	+	-
M	++	+	+	Ø	+	++	+
O	-	Ø	Ø	Ø	Ø	++	Ø
M	Ø	Ø	Ø	+	Ø	-	Ø
R	+	+	+	+	+	++	Ø
L	+	+	+	+	+	++	+
H	++	++	++	++	++	++	+
J	Ø	+	+	++	Ø	Ø	++
R	Ø	Ø	Ø	-	-	+	Ø
L	+	+	+	Ø	+	++	+
L	+	+	+	+	+	++	+
F	+	+	Ø	+	Ø	-	Ø
F	+	++	++	+	Ø	-	+
S	-	-	-	Ø	-	Ø	-

Legende:

++	sehr gut	Ø	befriedigend
+	gut	-	verbesserungswürdig

Die leistungsstarken Schüler sind in der Tabelle sowie im Sitzplan grün unterlegt. Die gelb unterlegten Felder kennzeichnen Schüler des mittleren Leistungsniveaus, während die rot unterlegten Felder die leistungsschwachen Schüler aufzeigen.

A 2: Bemerkungen zu einzelnen Schülern

Wie bereits im Kapitel 1.2 erwähnt, sind die leistungsstarken und -schwachen Schüler der Klasse sowohl in der Lernstandsdiagnose und als auch im Sitzplan gekennzeichnet. Hierbei sind die leistungsstarken kursiv geschrieben und die leistungsschwachen Schüler grau unterlegt.

Im Folgenden möchte ich auf diejenigen Schüler näher eingehen, die sowohl positiv als auch negativ im Fach Mathematik auffallen.

A ist eine zurückhaltende und unkonzentrierte Schülerin, die wenig Interesse und Leistungsbereitschaft im Fach Mathematik, sowohl in der Arithmetik als auch in der Geometrie, zeigt. Sie beteiligt sich selten am Unterrichtsgeschehen. Bei Aufforderungen ist sie meist nicht in der Lage, einen Beitrag zu leisten, da sie dem Unterrichtsgeschehen nicht mit der notwendigen Aufmerksamkeit verfolgt und zudem große sprachliche Defizite in der deutschen Sprache hat. Es bereitet ihr noch immer Schwierigkeiten sich selbst zu organisieren, sodass ihr Arbeitsmaterial oft verlorengeht. Sie arbeitet sehr langsam und fertigt die Zeichnungen meist fehlerhaft an. Auch ihre Hausaufgaben erledigt sie in der Regel nicht termingerecht und arbeitet sie meistens auch nicht nach. Sie hat innerhalb der Klasse keine Freunde und wird von allen offensichtlich gemieden und teilweise, insbesondere von den Jungen, sogar gehänselt. In der Konsequenz muss bei der Partnerarbeit auf die Partnerwahl geachtet werden, sodass A nicht noch mehr unter den Hänseleien leiden muss. Sie verbringt ihre Pausen mit Mädchen verschiedener Klassenstufen aus ihrem Kulturkreis.

Auch Ö ist eine zurückhaltende Schülerin. Sie hält sich stets an die Klassenregeln und verfolgt das Unterrichtsgeschehen aufmerksam, aber meist passiv. Ö gibt sich Mühe Zeichnungen korrekt und sauber anzufertigen, was ihr allerdings oftmals nicht gelingt, weil sie noch immer eine schwache Feinmotorik hat. Es ist daher wichtig, Ö einfache Teilfiguren zum spiegelbildlichen Ergänzen zu geben, um sie nicht zu überfordern.

M ist ein äußerst unruhiger Schüler, dem es schwerfällt dem Unterricht aufmerksam zu folgen. Immer wieder versucht er sich und seine Umgebung abzulenken. Als Konsequenz im Lehrerverhalten bedeutet dies, dass M bereits bei der kleinsten Störung ermahnt wird. Sofern es M nach drei Ermahnungen nicht gelingen sollte, sein Fehlverhalten zu unterbinden, wird er in Begleitung von L in die Parallelklasse geschickt und verbleibt dort für den Rest der Stunde, damit er ebenfalls unruhige Schüler mit seinen Störungen nicht negativ beeinflusst. Während M im mündlichen Bereich sich gern beteiligt und teilweise richtige Antworten gibt, gelingt es

M aufgrund seiner fehlenden Ausdauer und Konzentration nur selten Aufgaben in vorgegebener Zeit zu beenden.

F ist ein sehr unruhiges und lebhaftes Kind, das permanent Aufmerksamkeit und Bestätigung sucht. Er verfügt über gute Kenntnisse in der Mathematik und hat Freude am Fach. Das zeigt sich darin, dass sich F trotz seiner sprachlichen Defizite gern am Unterrichtsgespräch beteiligt und bereichert dies durch seine Antworten. Hingegen trödelt er in Arbeitsphasen herum und beobachtet seine Mitschüler ab, obwohl er die Arbeitsanweisungen und Aufgaben verstanden hat und diese selbstständig umsetzen könnte. Es ist daher wichtig, F zu Beginn der Anwendungsphase nachdrücklich zum Arbeiten hinzuweisen. Obwohl sich sein Verhalten schon positiv entwickelt hat, gelingt es ihm immer noch nicht, sich an die Klassenregeln zu halten, was sich insofern äußert, dass er den Unterricht durch Zwischenrufe oder Herumlaufen in der Klasse stört. Auch schafft er es nicht, eine produktive Partnerarbeit zu gestalten. F wird daher ausschließlich alleine arbeiten und bei der kleinsten Störung an die Klassenregeln erinnert.

F ist ein aufgeweckter und selbstbewusster Schüler. Er hat die erste Klasse übersprungen und geht einmal wöchentlich zur Hochbegabtenförderung. Obwohl F sehr gute Leistungen im Fach Mathematik hat, beteiligt er sich oftmals nur nach Aufforderung am Unterrichtsgespräch. In der Regel sind dabei seine Beiträge produktiv und im Vergleich zu seinen Mitschülern von einer guten sprachlichen Kompetenz geprägt. In den Arbeitsphasen trödelt F ebenfalls, da es ihm noch Schwierigkeiten bereitet, sich längere Zeit mit einem Inhalt auseinanderzusetzen. Er schweift des Öfteren von dem Lerngegenstand ab und schafft in der Konsequenz oftmals nicht alle Aufgaben. F muss demnach ebenfalls am konzentrierten Arbeiten erinnert werden. Gelegentlich fällt F noch immer negativ auf, indem er Antworten vorsagt, was aus seinem starken Geltungsbedürfnis resultiert. Deshalb werde ich seine Beiträge, welche in Form von Zwischenrufen geleistet werden, von komplett ignorieren, sodass sein Fehlverhalten nicht noch belohnt wird. Er verfügt zudem über eine geringe Sozialkompetenz, was sich darin äußert, dass er niemandem, auch nach Aufforderung durch den Lehrer, helfen möchte und bei Gruppen- und Partnerarbeiten Kinder missachtet, die er nicht leiden kann.

H ist der leistungsstärkste Schüler im Fach Mathematik. Er zeigt ein großes Interesse am Fach und ist bei allen Inhalten hoch motiviert. Er beteiligt sie sich sehr oft und gern am Unterrichtsgespräch und kann dabei sein solides Wissen sowohl anwenden als auch erweitern. Seine Beiträge sind stets produktiv und meistens auch sprachlich angemessen. Während der Arbeitsphase arbeitet er zügig, konzentriert und sorgfältig. Deshalb erhält H prinzipiell Zusatzaufgaben. Selbst dabei zeigt er sich noch sehr ausdauernd und motiviert.

A 3: Klassenregeln

<u>Unsere Klassenregeln</u>

Ich melde mich, wenn ich etwas sagen möchte.

Ich höre zu, wenn jemand spricht.

Ich passe im Unterricht auf und beteilige mich.

Ich arbeite zügig und konzentriert.

Ich habe meine Materialien dabei.

Ich lache niemanden aus.

Ich helfe anderen.

Ich gehe leise durch die Schule.

A 4: Sitzplan

A 5: Unterrichtseinheit „Achsensymmetrie"

Unterrichtsstunde	Thema	Inhalte
1	Symmetrie erfahren: Erstellen achsensymmetrischer Figuren durch Falten und Schneiden	Die SuS stellen achsensymmetrische Figuren durch Falten und Schneiden her und präsentieren ihre Ergebnisse vor der Klasse.
2	Symmetrie erarbeiten: Kennzeichen der Symmetrie	Die SuS entdecken Eigenschaften der Symmetrie an ihren eigenen Arbeiten. Dabei verinnerlichen sie die Fachbegriffe „(achsen-)symmetrisch" und „Spiegelachse". Sie wenden die Eigenschaften der Symmetrie an, um sich weitere symmetrische Figuren in ihrer Umgebung zu erschließen.
3	Symmetrie überprüfen: Spiegelachsen erkennen und einzeichnen	Die SuS erkennen, ob eine Figur achsensymmetrisch ist. Mithilfe eines Spiegels finden und zeichnen sie Spiegelachsen an achsensymmetrischen Figuren. Dabei erkennen sie, dass es symmetrische Figuren gibt, die mehrere Spiegelachsen haben.
4	Symmetrisch ergänzen: Figuren spiegelbildlich ergänzen	Die SuS vertiefen das korrekte Zeichnen mit dem Lineal, indem sie Teilfiguren spiegelbildlich im Karoraster ergänzen. Dabei schulen sie ihr räumliches Vorstellungsvermögen sowie den Umgang mit dem Spiegel zur Kontrolle ihrer Ergebnisse.
5	Symmetrie erleben: Achsensymmetrische Figuren am Geobrett darstellen	Die SuS spannen am Geobrett achsensymmetrische Figuren. In Partnerarbeit spannen und spiegeln die SuS achsensymmetrische Figuren am Geobrett und übertragen diese auf die zeichnerische Ebene.
6	Symmetrie vertiefen : Mit Symmetrie spielen	Die SuS wiederholen und festigen ihr Wissen zur Einheit, indem sie in Stationenarbeit verschiedene Spiele zur Symmetrie durchführen.

A 6: Arbeitsplan

Stoffverteilungsplan

Klassenstufe: 3

Fach: Mathematik

von: Carolin Kautza

Woche	Datum	Kompetenzen/ Unterrichtsinhalte	Bemerkungen
1	19.08.-23.08.	*19.08.-23.08.: Klassenlehrerunterricht* **Zahlen und Operationen: UE Addition und Subtraktion mit zweistelligen Zahlen bis 100** *Rechenoperationen verstehen und beherrschen:* • Grundvorstellungen zur Addition und Subtraktion besitzen • unterschiedliche Rechenwege beschreiben und vergleichen • Rechenstrategien nachvollziehen und anwenden	3 Stunden Mathematikunterricht erteilt
2	26.08.-30.08.	**Zahlen und Operationen: UE Addition und Subtraktion mit zweistelligen Zahlen bis 100** *Rechenoperationen verstehen und beherrschen:* • Grundvorstellungen zur Addition und Subtraktion besitzen • Rechenstrategien anwenden und Rechenvorteile nutzen • Zusammenhänge der Rechenoperationen kennen und zum Lösen und Überprüfen von Aufgaben nutzen (Umkehraufgaben)	1. Übungsarbeit
3	02.09.-06.09.	**Zahlen und Operationen: UE Addition und Subtraktion mit zweistelligen Zahlen bis 100** *Rechenoperationen verstehen und beherrschen:* • Grundvorstellungen zur Addition und Subtraktion besitzen • Rechenstrategien anwenden und Rechenvorteile nutzen • Zusammenhänge der Rechenoperationen kennen und zum Lösen und Überprüfen von Aufgaben nutzen (Umkehraufgaben) • mathematische Fachbegriffe kennen und anwenden	1. Lernstandskontrolle 1. Klassenarbeit
4	09.09.-13.09.	**Raum und Form: UE Flächen** *Ebene Figuren erkennen, benennen und darstellen* • Flächenformen benennen und in der Umwelt wiedererkennen • Zeichnungen mit Hilfsmitteln anfertigen	
5	16.09.-20.09.	**Raum und Form: UE Flächen** *Flächen auslegen* • Flächen nachlegen oder auslegen	

		(Tangram) *Ebene Figuren darstellen* • Flächen auf dem Geobrett herstellen und vergleichen	
6	23.09.- 27.09.	**Raum und Form: UE Flächen** • Zeichnungen mit Hilfsmitteln darstellen **Raum und Form: UE Symmetrie** *Einfache geometrische Abbildungen erkennen,* *benennen und darstellen* • Symmetrie erfahren • Symmetrie erarbeiten • Symmetrie überprüfen	2. Lernstandskontrolle
7	30.09.- 04.10.	**Raum und Form: UE Symmetrie** *Einfache geometrische Abbildungen erkennen,* *benennen und darstellen* • Symmetrisch ergänzen • Symmetrie erleben 04.10. Pädagogischer Tag	Am 30.09.2013 findet die ELP statt.
8	07.10.- 11.10.	**Raum und Form: UE Symmetrie** *Einfache geometrische Abbildungen erkennen,* *benennen und darstellen* • Symmetrie vertiefen	Vom 07.10. bis 09.10. sind Methodentage.
9	14.10.- 18.10.	**Daten, Häufigkeit und Wahrscheinlichkeit:** **UE Daten und Zufall** *Daten erfassen und darstellen* • durch Befragungen in der eigenen Erfah- rungswelt Daten sammeln und darstellen • Daten in Schaubildern, Strichlisten und Häufigkeitstabellen darstellen und an- wenden	18.10. Klassenlehrer- unterricht

M 1 Symmetrische und asymmetrische Figuren für die stehende Übung

M 2 Tafelbild der Zielbestimmung

M 3 Arbeitsblatt der Planung und Strategiebildung

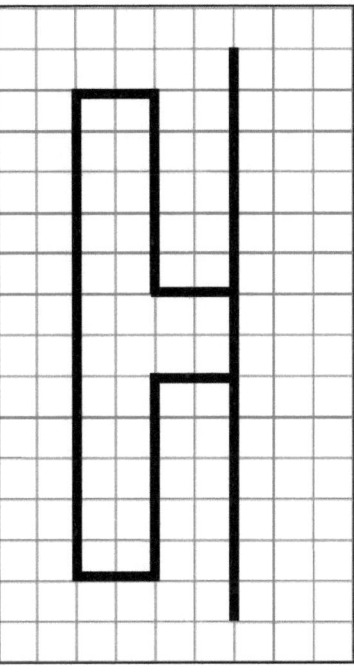

M 4 Tafelbilder der Lösung und Ausführung

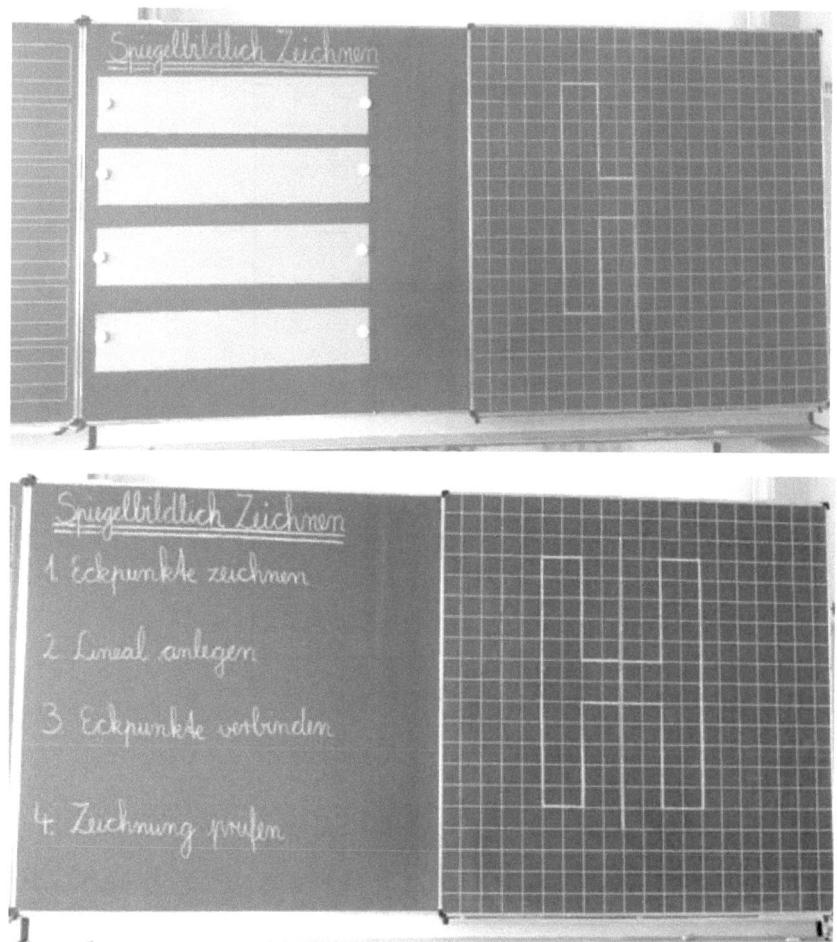